l'épagneul breton

Ouvrage collectif créé par Losange
Avec la collaboration de : Emmanuelle et Fabrice Dal'Secco

Direction éditoriale : Hervé Chaumeton
Suivi éditorial : Sophie Jutier
Relecture : Léo Mirabel
PAO : Nathalie Lachaud, Francis Rossignol
Photogravure : Stéphanie Tridoux

ISBN : 978-2-84416-951-8
N° d'éditeur : 84416
Dépôt légal : septembre 2010

Achevé d'imprimer : août 2010
Imprimé en Chine par Toppan Leefung

l'épagneul breton

Emmanuelle Dal'Secco

Artémis éditions

Sommaire

Introduction 6

Fiche d'identité 8

Histoires d'épagneuls bretons 18

Vivre avec son épagneul 30

Côté pratique 56

fi de la mode !

L'épagneul breton, breton, ou EB pour les initiés, est une valeur sûre. Un gars solide venu de sa lointaine Armorique, aujourd'hui le chien français le plus répandu à l'étranger. Un titre de gloire qu'il doit à son tempérament équilibré, mais surtout à ses aptitudes à la chasse. En effet, un récent sondage mené par le club de race ne laisse aucune équivoque : 85 % de ses maîtres sont des chasseurs. Alors, même s'il fait quelques heureux dans le domaine de la compagnie, ce robuste breton, acolyte du braconnier au XIXe siècle, fait partie de l'élite des chiens d'arrêt. Réputé généreux, intelligent et proche de son maître, il ne suscite pourtant guère l'intérêt du grand public, à la grande satisfaction de ses adeptes, qui redoutent l'effet de masse qui dénature en général une race. Malgré 5 400 naissances chaque année, qui le placent en 7e position toutes races confondues, l'épagneul breton est assurément un chien extrêmement populaire, mais pas à la mode. Nuance revendiquée haut et fort par tous ses passionnés !

Fiche d'identité

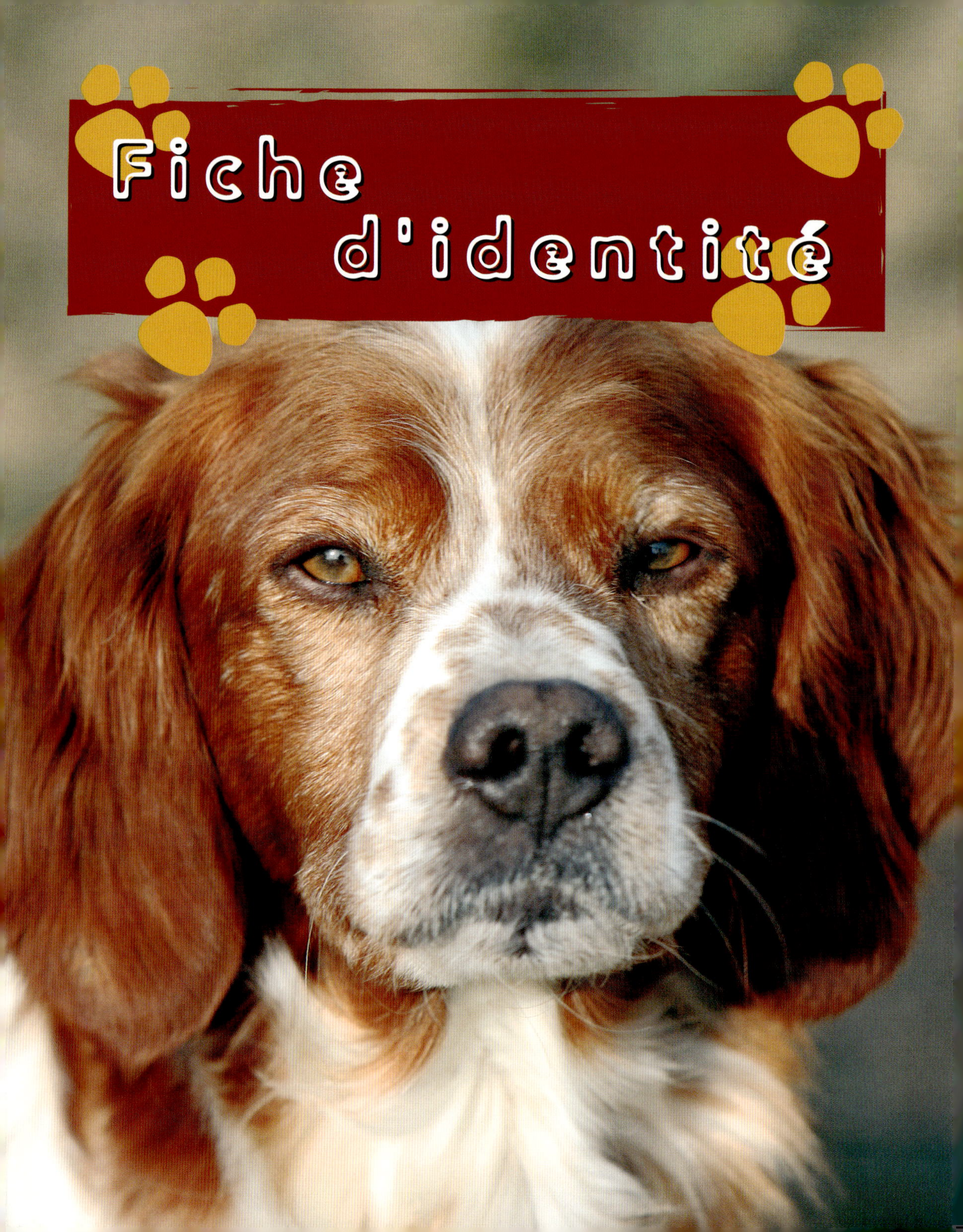

Épagneul breton

· **Origine :** France, Bretagne.

· **Autre appellation :** connu sous le nom de American Brittany aux États-Unis et de Britanny Spaniel en Grande-Bretagne.

· **Les 350 races reconnues** dans le monde sont classées, selon leur type morphologique et leurs fonctions, dans une nomenclature établie par la Fédération cynologique internationale (FCI), qui comprend dix groupes. L'épagneul breton fait partie du septième groupe, celui des chiens d'arrêt (au même titre que le braque allemand ou le setter anglais), section 1.2 « chiens d'arrêt continentaux, type épagneul, avec épreuve de travail ».

· **Le standard de la race** est géré officiellement par le Club de l'épagneul breton.

· **En France, la race a atteint 5 382 naissances en 2009 (5 474 en 2006)**, ce qui place l'épagneul breton en septième position, toutes races confondues. À titre d'exemple, le « number one », le berger allemand, reste indétrônable, avec 11 321 naissances la même année.

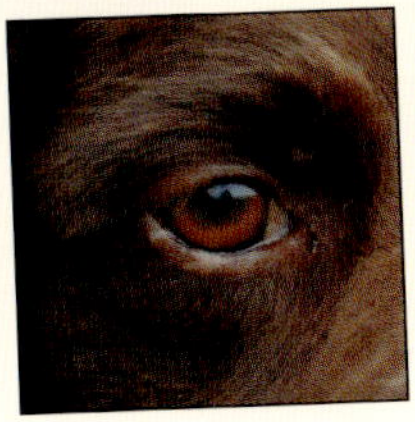

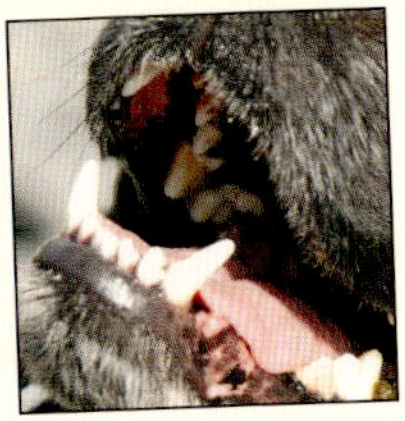

Standard de la race

Voici le standard officiel de l'épagneul breton, publié par la Fédération cynologique internationale (FCI).

• **La tête** est légèrement arrondie vue de face comme de profil. Les arcades sourcilières ne sont pas proéminentes, mais forment une courbe légèrement arrondie. Le stop est en pente douce.

• **Le dos** est rectiligne, court et rigide. Le rein est court, large et musclé.

• **La queue** est attachée haut, portée horizontalement (ou légèrement tombante), souvent frétillante quand le chien est attentif ou en action. L'épagneul breton peut naître anoure ou brachyoure. Lorsque la queue est coupée, la longueur idéale est de 3 à 6 cm ; elle ne doit pas dépasser 10 cm.

• **Le cou** bien musclé est de longueur moyenne. Bien dégagé des épaules, il est sans fanon.

• **La poitrine** est descendue jusqu'au niveau de la pointe du coude, large avec la côte suffisamment cerclée, sans être cylindrique.

• **Le ventre** est légèrement relevé. Les flancs sont peu remontés.

• **Taille**
- **Taille des mâles :** de 49 à 50 cm
- **Taille des femelles :** de 48 à 49 cm

• **Poids**
- **Poids du mâle :** de 15 à 18 kg
- **Poids de la femelle :** de 14 à 15 kg

• **Les yeux** sont légèrement obliques. D'expression intelligente, douce et franche, ils sont légèrement ovales, non globuleux, avec des paupières fines. La couleur de l'iris est en harmonie avec la robe, de préférence foncée.

• **La truffe** est large, à narines vastes, humides et bien ouvertes, de couleur en harmonie avec la robe.

• **Les oreilles** sont attachées haut. Triangulaires, assez larges et plutôt courtes, elles sont partiellement couvertes de poils ondulés, surtout dans la partie supérieure, l'extrémité étant couverte de poils ras. Elles sont très mobiles quand le chien est attentif ou en action.

• **Membres antérieurs :**

– **Épaule :** mobile, longue, bien appliquée, avec des muscles épais. Son obliquité est celle d'un galopeur, comprise entre 55 et 60 degrés sur l'horizontale.

– **Bras :** large, épais, avec des muscles saillants. Sa longueur est très légèrement supérieure à celle de l'épaule.

– **Avant-bras :** musclé et nerveux. Sa longueur est légèrement supérieure à celle du bras. Sa direction doit être proche de la verticale.

– **Pied antérieur :** plutôt rond, doigts serrés, coussinets fermes, ongles courts.

• **Membres postérieurs :**

– **Cuisse :** large avec des muscles épais et saillants. Son obliquité par rapport à l'horizontale est comprise entre 70 et 75 degrés.

– **Jambe :** de longueur très légèrement supérieure à celle de la cuisse, avec des muscles secs et saillants.

– **Jarret :** sec, avec des tendons apparents.

– **Pied postérieur :** plus long que l'antérieur, tout en conservant les mêmes caractéristiques.

Couleurs et modèles

Le plus petit des chiens d'arrêt présente une multitude de robes, combinaisons de quatre couleurs. Une jolie collection façon treillis, adaptée aux sous-bois.

L'épagneul porte un manteau de longueur modérée, dense, plat ou très légèrement ondulé, sans être jamais frisé. Il est également reconnaissable à ses légères franges sur les oreilles et aux pattes, qui ne doivent pas être trop fournies, au risque de nuire à son travail dans la broussaille. Les différentes lignées offrent une morphologie assez homogène. L'épagneul est resté un chien de chasse, certainement grâce à la constance du Club de l'épagneul breton. C'est en tout cas ce que défend Christian Gunther, son président : « Contrairement aux Anglais, nous n'avons jamais souhaité différencier les chiens destinés aux expositions de beauté et au travail. C'est un travers que l'on voit dans certains clubs britanniques comme celui du cocker ou du springer. Selon leur destination, deux chiens d'une même race ne se ressemblent plus du tout. Notre philosophie est la suivante : il n'y a qu'un seul épagneul, taillé sur mesure pour la chasse ! »

Puzzle de couleurs

Truitée, mouchetée, rouannée, grisonnée... La robe de l'épagneul présente une immense variété de nuances, que certains néophytes ont parfois bien du mal à différencier. À cet égard, le club de race met en ligne un tableau récapitulatif de toutes les couleurs admises, sorte de puzzle coloré, précisant celles qui sont hors standard.

Le breton est le plus fréquemment vêtu de blanc, avec des taches orange (qui peuvent en réalité aller du presque jaune à l'acajou). Dans le jargon, on le définit alors comme un fauve orangé à panachure blanche. Mais d'autres robes sont admises, comme le marron et blanc, ainsi que le noir et blanc. La panachure peut être pie (blanc pur) ou blanc rouanné (chaque poil blanc est voisin d'un poil de la couleur de la robe). Il existe également des tricolores. Dans ce cas, la robe est noir et blanc ou marron et blanc, et des taches fauves s'observent à des endroits bien précis : au-dessus des yeux, sur les joues, quelques-unes également sur les membres et sous l'attache de la queue. En aucun cas sa robe ne doit être unicolore.

Le black-out !

Le noir fut longtemps proscrit du standard, de 1908 à 1956, au motif que les épagneuls hexagonaux étaient principalement marron et que le noir trahissait l'apport de sang étranger. La génétique a pourtant démontré que le noir était bien présent dans les gènes du tout premier épagneul inscrit au LOF, et a permis à l'obscur sujet de polémique de retrouver une réputation immaculée. Réhabilité dans notre pays, le noir continue pourtant d'être refusé par les clubs de race américain et canadien, qui disqualifient les sujets en exposition, mais pas en concours de travail. Depuis le 1er janvier 2010, la robe charbonnée (mélange de poils noirs sur une robe orange et blanc) est interdite à la confirmation. Attention, car certains sujets qui peuvent sembler tricolores à première vue se révèlent en réalité des chiens à robe charbonnée.

Ses cousins

C'est avant tout un épagneul, au même titre que le setter, le welsh springer spaniel ou l'épagneul français. Tous chiens d'arrêt à poil long, qui se caractérisent par la douceur de leur caractère.

Même si le breton a une morphologie et un mental bien à lui, l'influence des croisements avec les huit races de spaniels d'origine britannique (8e groupe) réunis en France au sein du Spaniel club français, surtout celle du welsh springer spaniel, permet de considérer qu'il y a, dans une certaine mesure, cousinage avec les autres races d'épagneul, en dépit d'une parenté tout de même éloignée.

Il existe également, en France, d'autres races d'épagneuls localisées dans de petits berceaux, comme le bleu de Picardie (207 naissances), le picard (74), le Pont-Audemer (15) ▼ ou encore l'épagneul de Saint-Usuge (73), originaire de la Bresse.

Focus sur quelques cousins dignes d'intérêt...

✔ **L'épagneul français** ► (565 naissances en France en 2009). Beaucoup moins répandu que le breton et plus volumineux, il est plus employé comme auxiliaire de chasse que comme chien de compagnie. Mais il s'avère un très bon compagnon pour un maître sportif.

✔ **Le welsh springer spaniel** ► (21 naissances). Comme son nom l'indique, le welsh est originaire du pays de Galles. C'est un chien de chasse légèrement plus grand que le cocker (de 46 à 48 cm) pour un poids de 16 à 21 kg selon le sexe. Il se distingue par de petites oreilles en forme de feuille de vigne. C'est un modèle élégant, robuste et puissant, habillé d'une ravissante robe fauve foncé et blanc qui a l'avantage de rester propre en toutes circonstances.

✔ **Le setter anglais** ▼ (6 268 naissances). L'élégant Britannique à la robe mouchetée est un cousin éloigné du breton. En France, il arrive en tête du 7e groupe en nombre de naissances.

Quels sont les points forts et les points faibles de l'épagneul breton, de quoi faut-il se méfier, quels sont ses plus grands atouts ?

- Gabarit moyen.
- Compagnon rustique, robuste, actif.
- Excellent chasseur.
- Caractère doux et affectueux.
- Intelligent.
- Aucun entretien, chien autonettoyant.

- Comme dans toutes les races, quelques cas de dysplasie des hanches.
- Creuse parfois des trous dans le jardin.
- Gourmand, et donc disposé à l'embonpoint.
- Parfois fugueur si mal éduqué.
- Malin, il cherche la faille chez son maître.

Histoires d'épagneuls bretons

Armoiries armoricaines

Bien avant la création du club de race français, en 1907, la Bretagne fomente, avec succès, une variété locale de ces épagneuls qu'on trouve, avec des morphologies différentes, dans toute l'Europe.

Au Moyen Âge, les chiens courants sont utilisés pour les chasses à courre des nobles, tandis que les chiens couchants, présentant déjà les caractéristiques des épagneuls (flair infaillible, queue courte ou anoure, sujets vifs et trapus), sont réservés au petit peuple. C'est d'ailleurs probablement l'ancien français *s'espagnir,* qui signifie se coucher, qui aurait donné naissance au mot épagneul. Les rigueurs de l'Armorique forgent un modèle petit, sain, robuste et courageux. Au XIXe siècle, les Anglais viennent en masse chasser dans les monts d'Arrée avec leur meute, laissant, pour des raisons pratiques, leurs setters, braques, springers et pointers en Bretagne pendant l'intersaison. Des croisements ont alors lieu avec les épagneuls locaux, sans que l'on puisse objectivement mesurer ce qui fut fortuit et ce qui fut intentionnel.

Un succès international

Le vicomte de Pontavice, propriétaire de setters anglais blanc et orange, engage un garde-chasse qui possède des épagneuls blanc et marron. Le produit du croisement des deux races est si intéressant

qu'il pousse le vicomte, chasseur passionné, à se lancer dans l'élevage d'un épagneul inimitable et typiquement breton. Son succès est tel qu'il dépasse rapidement les limites de sa région natale de Fougères. L'animal fait sensation jusqu'à Paris.

C'est en 1908, un an après la création du Club de l'épagneul breton à Loudéac (Côtes-d'Armor) par ce vicomte bien inspiré, que le standard est fixé, puis revu définitivement en 1938. La race connaît alors un succès prodigieux à travers le monde et jusqu'aux États-Unis, où les premiers sujets furent exportés dans les années 1930.

insolites

Le breton au musée

C'est à Callac, dans les Côtes-d'Armor, que s'est ouverte, en juillet 2007, la Maison de l'épagneul breton. Elle propose une exposition permanente retraçant la vie et l'histoire de cette race locale, puisque c'est Max de Callac qui, en 1904, est le premier épagneul breton à être couronné à l'exposition de Paris. La ville de Callac est donc considérée, à juste titre, comme la capitale de l'épagneul breton, dont le succès est si grand que les éleveurs callacois expédient leurs chiens dans toute l'Europe, et même aux États-Unis, au Mexique et en Argentine.
Tél. : 02 96 45 57 89 ou 02 96 45 59 28

Hymne à l'EB

En Norvège, qui abrite le plus ancien club de race après le club français et l'un des plus importants (1 500 membres), l'épagneul breton possède son propre hymne, et, lors des manifestations du club, on lève très solennellement un drapeau à son effigie.

Au frigo !

Contre toute attente, un breton participa à l'une des épopées australes de Nicolas Vanier, aventurier français spécialiste du Grand Nord. L'épagneul supporte en effet particulièrement bien les rigueurs du froid. C'est pourquoi il fait sensation en Scandinavie, où il est parfois mis à l'attelage devant un traîneau.

L'épagneul, ce héros

C'est en Grèce qu'en octobre 2009 un épagneul breton a été sacré champion du monde de gibier tiré.

La chasse, encore et toujours, preuve que sa réputation n'est pas usurpée... La très officielle équipe de France des chiens d'arrêt continentaux, composée de deux braques allemands, d'un griffon d'arrêt à poil dur korthals et d'un épagneul breton, remporte le titre de champion du monde de gibier tiré (également appelé field-trials d'automne), face à seize nations qui avaient fait le déplacement à Thessalonique. En individuel, c'est Vico, issu d'une noble souche de chasse de la région Aquitaine, qui s'octroie l'or, mené par un dresseur girondin. Une fois encore, l'épagneul breton monte sur la plus haute marche du podium, après la victoire du breton-portugais Bacardi lors de la coupe d'Europe des continentaux en Espagne, au printemps 2009.

Où déjeuner ?

Super Star

Dans la sphère people, le breton sait se faire discret. Pas de film à son actif comme le chihuahua ou le saint-bernard, pas de publicité comme le jack russell, pas de BD comme le cocker.

Il figure néanmoins au générique du film *Le Viager,* avec Michel Serrault, et fait le bonheur de l'actrice Corinne Touzet. À part cela, l'épagneul semble tout entier dévolu à la sphère de la chasse, sans une Diane pour le porter aux nues.

Il n'a d'autres titres de gloire que son immense notoriété. On prétend en effet que c'est le chien français le plus répandu dans le monde, devant le caniche, et le chien d'arrêt le plus réputé aux États-Unis. Il est présent dans une vingtaine de pays, qui disposent de leur propre club de race local, du Monténégro à la Grèce, en passant par l'Espagne ou l'Australie. Le club français, avec 3 000 membres est, quant à lui, le deuxième en nombre, toutes races confondues, après celui du setter anglais (environ 5 000). Une puissance de feu qui permet de développer de nombreuses activités et de proposer un livre d'élevage en ligne excessivement exhaustif avec… 58 000 chiens enregistrés à ce jour !

portrait d'un champion

Ses titres de noblesse ? La chasse à 100 %. On le voit volontiers poser sur les estampes et autres tableaux au milieu de ses trophées.

On le surnomme la « bonne à tout faire ». Ses adeptes n'en démordent pas : c'est le plus doué des chiens de chasse, particulièrement polyvalent, qui défie le gibier à poil et à plume avec un talent égal, même si la sélection en concours ne se fait que sur les oiseaux, en particulier la bécasse (les concours sur lièvres et lapins étant réservés aux chiens courants du 6e groupe ou aux teckels). Pour chasser ce volatile, l'épagneul doit posséder un nez très fin, un sens de l'initiative et des talents au-dessus de la moyenne. Son tempérament solide, obstiné et endurant, s'exprime pleinement lors des battues, pendant des heures. Il possède un excellent flair, se montre rapide lors des quêtes et se fige en des arrêts fermes. Le format de ce chien petit et facile à transporter, lui permet de se glisser dans les broussailles les plus denses, de ne pas s'enfoncer sur les terrains mouvants et de garder le cap dans les marais.

Sur le podium

Une efficacité maximale dans un volume assez réduit font de l'épagneul breton une valeur sûre. Un chien d'arrêt n'est pas fait pour chasser « sous le fusil ». Il a pour mission de trouver le gibier, parfois à 150 m ou davantage, ensuite de l'arrêter et d'attendre son maître. De nombreux concours de travail, ou field-trials, nationaux et internationaux, sont organisés tout au long de l'année, principalement au printemps (du 10 mars au 14 avril) et en automne (du 15 septembre à la fin décembre), qui réunissent l'élite des chiens de chasse. Toutes ces épreuves de sélection officielles sont supervisées par une Commission utilisation nationale chiens d'arrêt d'une dizaine de membres. La CUNCA dépend du comité de la Société centrale canine (SCC).

Talent précoce

Particulièrement précoce, l'épagneul commence sa carrière dès 5 ou 6 mois. Cette initiation lui permet de se familiariser avec forêts et marais, son environnement séculaire, et de faire connaissance avec le gibier. C'est en le confrontant à cette présence que s'éveille son instinct ; c'est pourquoi les spécialistes conseillent d'arpenter des terrains giboyeux, au risque, sinon, de le démotiver. Attention, cette découverte du biotope doit malgré tout être modérée, car des efforts trop intenses et un enthousiasme non maîtrisé pourraient avoir des répercussions néfastes sur sa croissance. Le Club de l'épagneul breton organise d'ailleurs chaque année, au printemps, une épreuve appelée « Derby des jeunes », destinée à encourager les propriétaires d'un épagneul breton de moins de 30 mois prometteur et à le mettre en valeur.

athlète hors pair

Qui dit chasseur séculaire dit sportif. Avec 16 kg en moyenne, c'est un chien compact, solidement construit sans être lourd qui, plus que tout, apprécie de se dépenser au grand air.

Concernant son physique, les superlatifs vont bon train : élégant, vif, vigoureux, qui se délecte des field-trials organisés pendant toute la saison de chasse, de septembre à janvier. Dans le « civil », sa tonicité fait également sensation sur les parcours d'agility, en catégorie B, où il défie les obstacles avec rapidité et vigueur. Même s'il a parfois, instinct oblige, tendance à renifler la pelouse !

Le breton est donc un athlète avant tout, qui a besoin de se dépenser, même s'il accepte volontiers de rester rivé au canapé. On a coutume de dire qu'un chien n'est pas fait pour vivre en appartement mais, dans son cas, c'est une évidence, à moins de lui proposer de longues balades quotidiennes. Il en va de son équilibre physique comme moral car, en l'absence d'activité, il peut parfois fuguer. Il fait preuve d'une endurance totale, capable de galoper pendant des heures, sautant comme un chevreuil pour se repérer dans les végétations plus hautes que lui. Il se fond avec aisance dans son biotope natal, âpre et difficile, tandis que sa petite taille lui permet de se glisser dans le moindre recoin.

Concernant la natation, on peut aisément le qualifier de chien amphibie. Ce breton d'eau douce a le pied marin et apprécie de se jeter dans les étangs, surtout s'il y voit nager quelques volatiles. L'occasion d'un petit bain salvateur, car ce canidé tout terrain apprécie par-dessus tout de faire des trous dans le jardin, d'où il ressort bien terreux du museau. Il ne redoute pas l'eau, même très froide, mais souffre de la canicule.

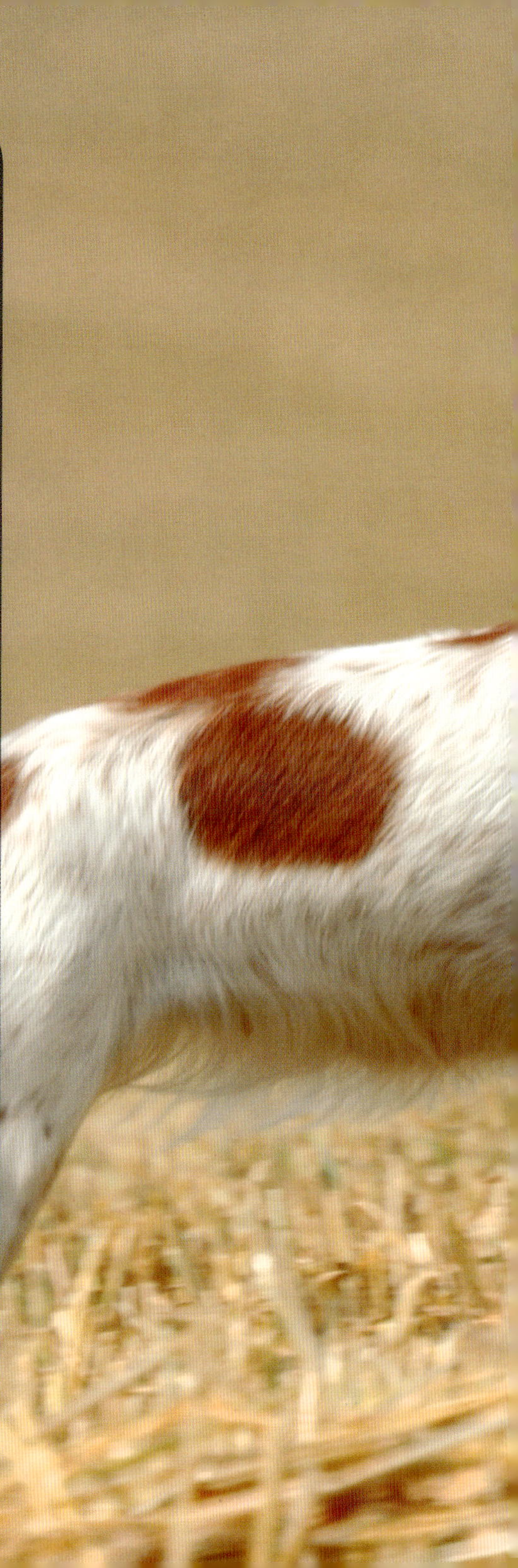

Vivre avec son épagneul

il nous fait craquer

Ils ont craqué pour ce chasseur sympathique. Deux histoires, deux portraits de ces maîtres contaminés par le virus épagneul et qui pour rien au monde ne souhaiteraient en guérir…

Valérie Bagot, éleveuse dans le Loiret
« Déjà enfant, je voulais être éleveuse de chiens ou de chevaux »

« J'ai toujours eu des chiens sans papiers. Mais mon mari étant chasseur, nous avons essayé de trouver un compromis entre un chien de chasse et un chien de beauté, car je voulais me destiner aux expos. Nous avons choisi le breton pour sa petite taille et son caractère sympa. En 1994, nous achetons donc notre premier chien LOF. Premier concours : il est élu meilleur chien de la journée. Son éleveur, certain que j'ai là un très bon sujet, m'encourage à le présenter en travail (field-trial). Là aussi, il se révèle un super champion. Nous décidons alors d'en prendre un deuxième. Même scénario, il excelle dans les deux domaines. Évidemment, on a commencé à se prendre un peu au jeu…
À l'époque, je travaillais chez un grand éditeur, rien à voir avec l'élevage ! Mais par passion pour cette race, après l'acquisition de mon quatrième mâle, Mabrouck, un tricolore sacré champion du monde, j'ai décidé d'en faire mon métier. Il est vrai que, déjà enfant, j'avais cette idée en tête. Je disais à mes parents que je voulais être éleveuse de chiens ou de chevaux. En 1998, j'ai donc choisi mon affixe, Du Clos bécassier, et je me suis installée à plein temps. J'élève également des welsh springer spaniel après qu'un ami en a offert un à ma fille. C'est un chien de chasse lui aussi, complémentaire de l'épagneul puisque c'est un leveur de gibier. Le breton est un compagnon plaisant, vif, qui donne sans compter, sans demander grand-chose en retour. Un maximum de qualités dans un minimum de volume, selon l'adage du club de race ! »

Christian Gunther, maître de Cannelle et président du club de race
« Quatre heures au grand galop dans les colzas »

« Étant chasseur, j'ai commencé par les chiens courants, un beagle et une excellente cocker qu'un ami m'a malheureusement tuée. Pour me faire plaisir, il m'a offert un setter : une véritable catastrophe, je l'ai donné ! Je cherchais alors un mélange entre un chien grouillant et un chien d'arrêt. J'ai beaucoup lu et me suis mis en quête d'un épagneul breton que je voulais noir et femelle comme ma regrettée cocker, Niki. La nouvelle s'appelait Biki. Ah, la nostalgie ! J'ai eu jusqu'à cinq bretons en même temps mais, à l'époque, j'étais directeur d'école et ce n'était pas facile dans un logement de fonction. J'ai même fini par prendre un affixe pour faire naître mes propres chiens, mais j'ai arrêté au bout de six ou sept portées. Aujourd'hui, je n'ai plus qu'une chienne, Cannelle. Propre, discrète et obéissante, elle passe d'une sieste yeux mi-clos sur le canapé à trois ou quatre heures au grand galop dans les colzas. Probablement la meilleure chienne que j'ai jamais eue ! J'étais passionné, au point de prendre mon bâton de pèlerin pour un tour de France de l'épagneul dans le but de recueillir le maximum d'informations sur cette race fascinante. J'ai écrit un livre sans même avoir d'éditeur (il n'a été publié qu'en 1991), et puis j'ai contacté le club de l'épagneul. Je venais en tant qu'écrivain et on m'a collé le poste de trésorier ! Je m'y implique depuis 1994, et assume la présidence depuis 2006. »

tel maître / tel chien

Existe-t-il un stéréotype du « maître épagneul » ? Pour le savoir, nous avons dressé le portrait de propriétaires fictifs, avec des motivations diverses. Bon pour le breton ou pas, voici le verdict !

Avec vous, c'est 10 km chaque jour après le petit-déjeuner !

Avec l'épagneul, vous formerez une « team » dynamique. Il est tout à fait recommandé aux familles toniques et aux amateurs de randonnée ou de sports de pleine nature.

Vous recherchez un compagnon super branché pour épater la galerie.

Optez pour le chihuahua ! Malgré plus de 5 000 naissances chaque année, l'épagneul est tout sauf un chien à la mode. Il séduit les connaisseurs et les passionnés sans avoir jamais été une fashion victime, comme son compère le cocker après le succès de la BD *Boule et Bill*, dans les années 1970.

Votre passion, ce sont les poupées ?

Changez de boutique. Le breton fait honneur à sa terre natale forgée dans le granit, les marécages, les ronces et les ruisseaux. Il a un tempérament et un physique de fer bien peu compatibles avec le coton et la dentelle.

Vous faites collection de « cobs » bretons.

Investissez dans l'épagneul ! Au même titre que le postier breton, le cheval de trait local, le breton est un cob, c'est-à-dire que son corps, bien compact, s'insère dans un carré.

Vous n'achetez que des produits made in USA ?

Préparez vos dollars ! Même si les Français prétendent que le modèle américain n'a rien à voir avec son homologue breton, l'American Brittany existe bel et bien. Reconnu par l'American kennel club dès 1934, il dispose aujourd'hui de son propre club de race et de son propre standard, qui diffère sensiblement du standard FCI.

le chiot épagneul

Contrairement à d'autres races, où la mise bas est une opération à risque, ça roule tout seul pour l'épagneul.

« Pas une seule césarienne en treize ans ! », se félicite une éleveuse. Les femelles mettent bas seules, et s'avèrent très maternelles sans être pour autant excessivement protectrices. Elles acceptent donc qu'on manipule leurs chiots sans une once d'agressivité. À la naissance, l'épagneul pèse en moyenne 350 g, un poids qu'il multiplie par 10 en 7 semaines. Les portées comptent 5 ou 6 chiots. Leur robe est déjà bien identifiable, même si elle évolue avec le temps, les zones de couleur ayant tendance à envahir les plages blanches.

Attention à l'alimentation

En matière de nourriture, il convient de se méfier des aliments spécial chiots ou croissance, trop énergisés, qui peuvent faire « pousser » le rejeton trop vite. En effet, une croissance trop rapide et une surcharge pondérale ont une influence réelle sur les problèmes de dysplasie des hanches.

Lorsque l'alimentation junior semble trop riche, certains éleveurs recommandent de mélanger à part égale avec des croquettes destinées aux adultes. Bien entendu, un chiot ne disposant pas du volume stomacal qui lui permettrait de consommer en une seule fois sa ration quotidienne, celle-ci doit être fragmentée en trois repas jusqu'à 4 mois environ, puis en deux repas jusque vers 8 mois. Un repas unique suffit par la suite.

Le choix du chiot

Un petit conseil de la part d'un spécialiste : lorsque vous choisissez un chiot destiné à la compagnie, évitez de le dire à l'éleveur, car il pourrait avoir la tentation de vous confier un sujet qui a « peur du fusil », c'est-à-dire qui craint les détonations. Plutôt problématique pendant les orages et les soirs de 14 juillet !

Vrai ou faux ?

La plupart des races véhiculent bon nombre d'idées reçues qui construisent, souvent à tort, leur image. L'épagneul, avant tout chien de chasse, en est-il pour autant agressif ou dangereux ?

Chasseur ne veut pas dire sanguinaire. Dans l'esprit du grand public, l'image de tueur colle parfois à la peau de certaines races. Mais gare à la méprise ! L'épagneul breton est un chien d'arrêt qui, comme son nom l'indique, a pour mission de se figer lorsqu'il a détecté le gibier, et non pas de le dévorer à pleines dents. Selon Christian Gunther, président du club de race : « Nos chiens sont certainement plus inoffensifs que les chiens de berger, destinés à monter la garde. Un de mes amis a été cambriolé et son chien n'a rien fait pour dissuader les intrus. » Un récent sondage commandé par le club révèle que 85 % des propriétaires d'épagneul breton sont des chasseurs, 90 % se disent amoureux de leur chien et 73 % le considèrent comme un compagnon. De vrais cynophiles, ce qui en grec ancien signifie amis des chiens ! On voit donc la vie en rose dans le clan des bretons. « C'est un peu cela, poursuit Christian. Nous avons avec notre chien une immense connivence, doublée d'admiration, très différente de celle qu'on peut entretenir avec un chien courant qui suit sa proie 1 km devant. Avec l'épagneul, c'est un peu une chasse contemplative, un plaisir solitaire. Ce qui explique que la grande majorité de nos chiens vivent à la maison et pas en chenil, et sont donc considérés comme de vrais partenaires et pas comme du matériel sans âme. C'est justement parce que c'est un chien de chasse qu'il est entièrement adapté à la compagnie. Il ne faut pas oublier qu'il ne chasse en moyenne qu'une quarantaine de jours par an ; restent donc 320 jours où son comportement au sein du foyer sera déterminant pour l'agrément de son propriétaire. Il a été sélectionné pour créer des liens, pour être proche de l'homme. Il est temps d'en finir avec ces clichés de longue date sur le prétendu tempérament des chiens de chasse, mais aussi sur l'image du chasseur alcoolique qui tire sur tout ce qui bouge ! Nous avons une éthique et notre chien en fait partie. »

Son éducation

Sous le masque du chasseur obstiné et combatif se cache un caractère sensible. L'épagneul s'éduque donc avec douceur et patience.

Tempérament breton

Particulièrement affectueux, le breton se met en quatre pour faire plaisir à son maître et attend donc de lui une tendresse réciproque. Il a la réputation d'être extrêmement malin, aussi bien en action de chasse que dans le « civil ». Il comprend et apprend vite, à condition que son maître fasse preuve de doigté. Une trop grande fermeté le bloque et on ne peut alors plus rien en tirer. « Sur les 5 400 naissances chaque année, il y en a forcément certains qui sont plus hargneux que d'autres, explique Christian Gunther, mais ce n'est vraiment pas une caractéristique de la race. » De l'aveu de Valérie Bagot, éleveuse : « Ce petit breton est formidable, à condition d'avoir été éduqué. Il est intelligent et teste donc son maître en permanence, jusqu'à trouver la faille. Particulièrement inventif, il peut aussi se montrer assez destructeur si le maître n'a pas pris la précaution d'asseoir son autorité dès l'adoption. J'ai le cas

d'un chien qui a littéralement ruiné son domicile, dévoré le canapé, creusé des trous dans les murs et le jardin, mangé les fils électriques. C'était Hiroshima dans la maison ! Sans arriver à ces extrêmes, il ne faut jamais le laisser prendre ses aises mais le sanctionner immédiatement en cas de bêtises. À titre de comparaison, le welsh springer spaniel, lui aussi chien de chasse, a un caractère plus facile. » Les femelles ont la réputation d'avoir un tempérament plus souple et ont donc la préférence des maîtres chasseurs puisque, selon un sondage, 61 % possèdent des femelles, contre seulement 39 % des mâles.

Le rappel

Parce que c'est avant tout un chien de chasse, la maîtrise du rappel est essentielle. Plus que tout au monde, il craint de perdre son maître. Alors s'il s'échappe et reste insensible à vos appels, faites demi-tour ou cachez-vous. Il ne tardera pas à vous rattraper en écopant d'une caresse pour le féliciter. Les chasseurs utilisent également le sifflet, plus efficace et reposant que des hurlements incessants. Avec une vie équilibrée et active, la vigueur de l'épagneul breton est canalisée, ce qui lui ôte l'envie de fuguer.

Dressage de pros

Même si la plupart des chasseurs, souvent connaisseurs, sont en mesure d'éduquer eux-mêmes leur nouvelle recrue, il est possible de passer par des spécialistes, rassemblés au sein de l'Association des dresseurs professionnels de chiens d'arrêt, retrievers et broussailleurs (www.dresseurs-chasse.com). Confié à ses bons soins pendant cinq à six semaines, le chiot apprend les rudiments de son futur métier : ne pas courir derrière le gibier, marcher sans laisse, obéir au rappel. Parfois aussi quelques demandes spécifiques comme le rapport à l'eau, qui n'est pourtant pas le domaine de prédilection du petit breton. À l'issue de cette formation, le dresseur livre un compagnon « prêt à l'emploi ». Sur un autre plan, le dressage de compétition prépare les champions en field-trial, permettant de porter les bases acquises à un haut niveau de technicité et de forger l'élite des chiens d'arrêt.

point de vue de pro

Les conseils de Joseph Ortega, éthologue, créateur de l'École du chiot (ecole.du.chiot.free.fr).

« Au même titre qu'un fusil que l'on remise au placard ? »

« C'est certainement le plus populaires des chiens de chasse, classé deuxième dans sa catégorie après le setter. Si on le compare au cocker, lui aussi un chien de chasse à l'origine mais qui est destiné à 99 % à la compagnie, on peut presque inverser cette proportion avec l'épagneul. C'est un chien particulièrement doué en field-trials, très pointu, qui travaillait autrefois dans les bocages bretons mais fait aujourd'hui sensation en tant que broussailleur jusque dans les marais. Dans le domaine de la compagnie, il s'avère très doux. Et tous ceux que j'ai connus sont en général bien plus équilibrés que la plupart des autres races de chasse, comme le setter, plus nerveux, sensible et sur l'œil. L'épagneul est stable, paisible, il aime le contact avec son maître au point d'être parfois collant, mais tout en étant capable de faire preuve de détachement. Ses problèmes de comportement viennent souvent de ses conditions de vie. À côté de chez moi, il y en a un qui fugue régulièrement car son maître ne le sort que pour aller à la chasse. Comme un fusil qu'on remise au placard ! Élevé dans de bonnes conditions, l'épagneul est très rarement dominant et pas mordeur. C'est donc l'un des rares chiens de chasse que l'on peut conseiller à des néophytes. Car les erreurs commises dans son éducation ne portent pas vraiment à conséquence. Pour conclure, c'est un chien vraiment sympa ! »

Question cohabitation

On le prétend particulièrement sociable, mais quel type de relations l'épagneul entretient-il avec tous ceux qui gravitent dans son univers, des enfants au chat de la maison, en passant par certains animaux sauvages ?

Avec son maître

Le breton, c'est un peu Docteur Jekyll et Mister Hyde : tonique et endurant à la chasse, il devient le plus placide des compagnons à la maison. Par rapport au cocker, initialement chien de chasse qui a pourtant trouvé un débouché presque exclusif dans le domaine de la compagnie, l'épagneul se montre particulièrement discret et sociable, bien moins exclusif que son confrère. Terriblement attaché à son maître, il sait se satisfaire d'une vie en appartement pourvu qu'on lui offre des sorties actives et un repos bienveillant aux pieds de son bien-aimé. Il prend autant de plaisir à battre la campagne qu'à rêvasser sur un canapé. Il aboie rarement et se montre un piètre gardien.

Avec les enfants

L'épagneul breton a la réputation d'adorer les enfants et de ne jamais mordre. Il accepte volontiers câlins et enfantillages sans se rebiffer, et préfère changer de place plutôt que de manifester de l'agressivité.

Avec les chiens

Question d'individu ! Même si l'épagneul breton est plutôt amical avec ses congénères – ne doit-il pas partager les sous-bois avec d'autres chiens de chasse ? –, cela dépend évidemment du tempérament de chacun. Parfois dominant, quelquefois soumis, il se montre rarement hargneux. Il va souvent par paire, avec un autre épagneul ou un chien d'une autre race qui permet aux chasseurs d'avoir un expert pour chaque utilisation : par exemple un épagneul pour l'arrêt et un jack russell pour le terrier. Un sondage mené auprès de plus de 1000 propriétaires d'épagneuls bretons révélait qu'un quart d'entre eux possédait un autre compagnon, dans les proportions suivantes : 23 % un setter anglais, 13 % un labrador, un pointer ou un teckel, et 8 % un fox ou un yorkshire. Le breton s'y entend donc en cohabitation !

Avec les chats

Capable de faire ami-ami avec le chat de la maison, on ne donne malgré tout pas cher de la peau de celui du voisin qui viendrait à poser une patte sur son territoire. Le félin ne doit pas oublier qu'il a affaire à un canidé doublé d'un chasseur ! Deux bonnes raisons de passer son chemin...

Avec les animaux domestiques et sauvages

Bien sûr, c'est un chien d'arrêt, donc, en théorie, il se fige devant le gibier sans jamais le toucher, contrairement à d'autres races qui sont chargées de l'attraper ou de le rapporter. Une nature profondément inoffensive que confirme une maîtresse : « En forêt, le chien a en effet tendance à marquer l'ar-

rêt, même sans avoir jamais été dressé à la chasse. Et ce dès 2 ou 3 mois. Mes chiots restent immobilisés, parfois très longtemps, devant une plume ou un duvet. Ils ont vraiment ça dans le sang ! » Mais si le duvet se met à courir, alors là, c'est une autre histoire... « A contrario, si vous mettez mes chiens dans un poulailler, je ne vous promets rien ! Ou alors il faut vraiment que les poules soient totalement immobiles », même si, selon le jargon, on exige qu'il reste « sage à l'envol ». « Tout est question d'éducation, explique un chasseur. Lorsque je passe à côté d'une ferme, je fais marcher mon chien au pied ou à l'attache. Il ne faut pas trop le tenter ! Un chien non dressé aura tendance à se précipiter sur sa proie, car son instinct naturel lui commande tout de même d'attraper. C'est pourquoi un épagneul doit être impérativement éduqué et obéissant. »

côté Santé

L'épagneul breton, c'est du solide, à un détail près : le risque de dysplasie des hanches. Un problème néanmoins limité par les actions menées par le club de race depuis des années.

Doté d'une santé robuste, l'épagneul breton supporte sans mal les intempéries, ce qui n'est pas une raison pour l'abandonner au fond d'un chenil. Il accepte néanmoins assez facilement de vivre dans une niche lorsque la température reste clémente, à condition de l'abriter de la pluie et des courants d'air. Il a beau être rustique, il aime aussi le confort du foyer et, si son physique s'avère endurant, une telle négligence pourrait bien avoir des conséquences néfastes sur son moral, compromettant alors ce qui a forgé sa nature profonde : un dévouement absolu à son maître.

Robustesse bretonne

Le breton, élevé à la dure dans son berceau d'origine, ne fait pas, de l'aveu de ses passionnés, la fortune des vétérinaires. Sa seule affection héréditaire, heureusement assez rare, est la dysplasie de la hanche, également appelée HD dans sa version anglaise, ou dysplasie coxo-fémorale, dont le développement est toutefois rarement invalidant.

Pour tenter d'enrayer ce problème qui affecte de nombreuses races, surtout les grands chiens, le club mène une politique active et recommande aux éleveurs de pratiquer systématiquement une radiographie des hanches de leurs reproducteurs, dont le résultat doit être lu par un vétérinaire agréé. Une garantie qui n'est malheureusement pas offerte chez les chiens typés épagneul breton, qui n'ont pas subi ce type de sélection. Pourtant, la dysplasie est une pathologie qui n'est pas à prendre à la légère. Elle provoque un effritement du cartilage qui peut évoluer vers de l'arthrose, puis une boiterie.

Quels sont les symptômes le plus couramment observés ? Un chien qui marche normalement en balade mais qui, une fois à froid, a du mal à se lever. La prescription d'anti-inflammatoires permet de le soulager mais, dans certains cas, il faut envisager une prothèse de hanche ou une exérèse (ablation) de la tête fémorale, un peu moins coûteuse. Il existe une dernière solution, la TOB (triple ostectomie du bassin), qui constitue une chirurgie remarquable pour certains candidats.

Gare à mes oreilles

Comme dans toutes les races à oreilles tombantes, le breton peut être sujet à des otites. Il convient donc de surveiller l'entrée de son conduit auditif, dans lequel des herbes viennent se loger, surtout en été, et de procéder, le cas échéant (ou une fois par mois), à un nettoyage avec une lotion adaptée.

En vieillissant, les femelles peuvent développer des cancers dans la zone génitale, mais pas plus que dans les autres races. Si la stérilisation calme les ardeurs des chiens, quel que soit leur sexe, il semble bien qu'elle n'ait aucun effet sur l'ardeur à la chasse.

alimentation

L'actif, doté d'un solide appétit, s'avère particulièrement gourmand. Et n'en déplaise à sa réputation de sportif, il peut être sujet à l'embonpoint si son maître cède à tous ses caprices.

Un goinfre ?

L'épagneul est enclin à se comporter comme un animal sauvage qui emmagasine en prévision de la disette. Une préoccupation bien peu d'actualité dans nos contrées ! Il a pourtant gardé cet instinct qui le pousse à consommer parfois plus que de raison, comme l'explique un propriétaire : « Vous pouvez lui présenter deux steaks hachés à peine poêlés après sa ration de croquettes et il s'empressera de les dévorer… quitte à les vomir ! » Il convient donc, en toutes circonstances, de garder un œil sur la balance pour lui permettre de conserver sa silhouette d'athlète. Hors saison de chasse, c'est-à-dire de février à fin août, la ration doit être diminuée de moitié. La stérilisation peut également induire une tendance à l'obésité, qui nécessite un régime strict durant les premiers mois qui suivent l'opération, pour revenir ensuite à la normale.

Quelle alimentation ?

Éleveurs et chasseurs recommandent l'utilisation d'aliments industriels (croquettes), plus équilibrés et somme toute meilleur marché que la cuisine faite maison, trop souvent composée de restes de table. Contrairement à d'autres races, qui possèdent leur gamme de croquettes spécifique, comme le chihuahua ou le westie, l'épagneul se contente du tout-venant. Néanmoins, des produits de qualité adaptés à la morphologie, à l'activité et à l'âge de l'animal seront tout indiqués. Un breton qui chasse une seule journée par semaine n'a nullement besoin de produits « améliorés », ni d'une ration augmentée. Et si le gourmand continue à profiter, allégez sa gamelle en remplaçant la moitié des croquettes par des haricots verts !

côté beauté

Chien autonettoyant ! Un slogan adapté à ce compagnon rustique qui brave les sous-bois et les marais sans pour autant exiger un entretien fastidieux.

Tout-terrain

Il aime creuser, fouiner, se rouler... mais sans jamais se salir. Il est vrai que sa robe soyeuse est le fruit d'une sélection séculaire, qui en a fait un chien tout-terrain qui ne nécessite aucun toilettage, en hiver comme en été, même après s'être délecté d'un bain de boue. Crotté après une journée de chasse, il ressort tout propre de sa caisse de transport sans aucune intervention ! Et une nuit passée dans la paille suffit à lui redonner tout son éclat. Le bain « domestique » ne se justifie donc que très rarement, à moins que l'animal ne soit vraiment malodorant. Mais l'épagneul a la réputation de ne pas avoir d'odeur perceptible, ce qui est un atout appréciable lorsqu'il vit à la maison.

Un petit coup de brosse

Un brossage vigoureux de temps en temps (à condition de l'avoir habitué à ce cérémonial dès l'âge de 5 ou 6 mois, lorsque apparaît le poil définitif) suffit donc à entretenir et à lisser sa fourrure (afin d'éviter les boucles) et à la débarrasser du poil superflu. Quelques coups de ciseaux éliminent les franges trop longues à l'arrière des pieds et au niveau des coussinets. Complétez par une surveillance attentive des oreilles et taillez, le cas échéant, le poil qui dépasse du pavillon de l'oreille, tout en désépaississant l'excès de toison sur le dessus. Les connaisseurs recommandent également de raccourcir la « culotte » derrière les cuisses, pour éviter que ce « cob inscrit dans un carré » ne paraisse plus long qu'il ne l'est en réalité.

en vieillissant

en vieillissant
en vieillissant
en vieillissant

14 ans d'espérance de vie : joli score pour un chien somme toute assez moyen !

Il semblerait que sa tonicité en action de chasse prolonge la longévité de l'épagneul breton qui, malgré son volume, peut espérer durer presque aussi longtemps que ses compères à petits formats. 14 ans en moyenne ! L'exercice a une influence favorable sur sa qualité de vie et préserve les aînés des méfaits de la vieillesse. Évidemment, une mauvaise gestion de l'effort peut avoir, parfois, de tristes conséquences, comme en témoigne Christian Gunther, le président du club : « J'ai, en début de chaque saison de chasse, une vingtaine d'appels de maîtres avec des sanglots dans la voix, car leur chien est mort d'une crise cardiaque faute d'avoir été préparé à la reprise d'activité. »

À bas la retraite !

Il peut chasser sans problème pendant une dizaine d'années, rester dynamique jusqu'au dernier moment tout en savourant des périodes d'oisiveté dans son panier. Compagnon dévoué et proche de l'homme, il apprécie d'ailleurs assez peu la notion de retraite. C'est pourquoi les chasseurs responsables continuent d'emmener leur vieux chien en extérieur, même pour une heure de balade.

Surdité malvenue

Côté santé, les gênes articulaires liées à la dysplasie deviennent plus envahissantes avec l'âge et entraînent des douleurs dans l'arrière-train. Des problèmes qui, globalement, touchent tous les chiens vieillissants, quelle que soit la race. À ce titre, l'épagneul peut aussi présenter des troubles du sommeil (tics, gémissements...). Plus gênants, les problèmes de surdité peuvent compromettre sa carrière, car il a alors du mal à s'orienter et à localiser l'appel de son maître.

Côté pratique

Loi et règlement

Faut-il ou non couper la queue de l'épagneul ? Alors que d'autres pays ont définitivement banni la caudectomie, la France se montre encore frileuse sur cette question.

Une queue qui fait débat

Chez l'épagneul, la queue est sujette à polémique et à rebondissements. Dans les années 1930, la queue courte naturelle, considérée jusque-là comme la preuve patente de la pureté de la race, cesse d'être un impératif, car on sait que cette caractéristique ne peut pas être fixée. Aujourd'hui, l'épagneul breton peut naître anoure (sans queue), brachyoure (avec une courte queue) ou macroure (avec une queue longue). Mais, en action de chasse, les adeptes, au prétexte qu'elle peut s'accrocher dans les fourrés, continuent néanmoins de préférer la version écourtée. Or son célèbre compère, le setter, porte une queue longue et personne ne s'en trouve offusqué. L'ablation de la queue est donc autorisée par le standard, qui précise que si le chiot est né avec une queue longue, celle-ci peut être écourtée de 3 à 6 cm, sans jamais dépasser 10 cm. Pourtant, depuis 2000, la Convention européenne pour la protection des animaux de compagnie, ratifiée par la France, interdit cette pratique. Notre pays a néanmoins demandé une dérogation qui laisse encore toute liberté aux éleveurs. La caudectomie reste cependant interdite dans certains pays comme la Belgique, ce qui contraint les propriétaires qui souhaitent participer à des concours dans ce pays à laisser leurs champions avec une queue obligatoirement longue. « Une véritable catastrophe pour la Belgique, selon le président du club de race, car ils ne peuvent plus organiser de concours internationaux faute de postulants. » En Allemagne, la queue écourtée reste autorisée pour les épreuves de chasse, tandis qu'en Suisse, où la caudectomie n'est plus tolérée, pour concourir en expo ou en travail, les queues écourtées sont admises uniquement pour les sujets venant de l'étranger.

Les papiers nécessaires

La loi stipule qu'un chiot ne peut être vendu qu'à partir de 2 mois. Le vendeur doit remettre impérativement des documents tels que le carnet de vaccination, avec les vignettes des vaccins effectués (première injection recommandée à 8 semaines), le certificat de bonne santé, la carte d'identification (tatouage ou puce électronique), le certificat de naissance (inscription provisoire au LOF) et surtout un contrat de vente.

acheter

Relativement abordable à l'achat, l'épagneul breton se transforme en véritable pépite lorsqu'il est voué aux championnats cynophiles. Un acolyte qui vaut son pesant d'or !

Pépite rustique

Contrairement à d'autres races à la mode qui souffrent de la concurrence déloyale d'un marché parallèle en provenance des pays de l'Est, l'épagneul breton ne fait guère l'objet de contrefaçons illicites. En tout cas pour le moment, car pressentant peut-être cette manne, un éleveur hongrois a récemment contacté le club de race pour acheter un couple de reproducteurs. Il lui a été répondu, dans le doute, qu'il n'y en avait plus ! Ce qui n'exclut pas la prolifération d'annonces, notamment dans les magazines de chasse, pour des chiots « typés épagneul » dont il vaut mieux se méfier. Seuls 34 % des chiens sont confirmés selon le club de race, ce qui signifie que 66 % ne le sont pas et sont donc susceptibles de reproduire dans des conditions non maîtrisées.

Trois critères de qualité

Le CEB (Club de l'épagneul breton) met en ligne, sur son site, les saillies proposées à la vente qui ont satisfait les trois critères portant sur la santé, la conformité et l'aptitude au travail (environ 25 % des saillies déclarées) : qualification en excellence en exposition spéciale de race, obtention du TAN (test d'aptitude naturelle) et dépistage de la dysplasie de la hanche. Contrairement à d'autres races destinées à la compagnie, l'épagneul breton LOF (avec pedigree) se négocie à des prix tout à fait raisonnables. La valeur dépend évidemment de plusieurs critères comme le sexe (les femelles sont environ 200 € plus cher, car elles ont la préférence des chasseurs qui les trouvent plus douces et plus obéissantes), la couleur (c'est la folie du tricolore), et même la saison (les tarifs baissent en été après le pic des naissances de juin).

De 600 à 15 000 € !

Comptez entre 600 et 700 € pour une femelle orange et blanc et de 800 à 900 € pour une tricolore, vendues dans un élevage professionnel recommandé. Les sujets destinés à la chasse